真假大對決

金魚真的只有3秒記憶？

拆解動物之謎！

保羅‧梅森 著
艾倫‧歐文 圖

新雅文化事業有限公司
www.sunya.com.hk

目錄

先看看這裏！

　　我們大多喜歡動物，而你身邊的人往往擁有許多關於動物的資訊。你可能聽説過，或者在網上、圖書裏看過，各種有趣或令人難以置信的説法：

　　「遇上鯊魚時，盡可能保持靜止不動，可避免遭受襲擊。」

　　「巨型的短吻鱷會在下水道裏生活。」

　　「火雞愚蠢得抬頭望着大雨降下，直至淹死。」

這些說法是否真確可信？認清它們孰真孰假，可能在某一天能救你一命。世上流傳着許多求生方法，例如怎樣可避免被熊咬傷、被大白鯊吞噬或是被牛襲擊。只要擁有這本書，你便能知道哪些是真的，哪些可以不予理會。

當然，這本書不單告訴你關乎性命安危的動物傳聞，還能讓你多了解與動物有關的知識。如果有人告訴你一些似乎是眾所周知的動物傳聞，或者有人在懷疑一些說法的真假，這時你可以肯定地告訴他們，幫他們拆解謎團。

另外，不少描述人類行為的用語其實都跟動物有關：

「你像金魚一樣只有3秒記憶。」

「那是鱷魚的眼淚，別相信他是真心的。」

「你這是鴕鳥心態，面對現實吧！」

「怎麼一整天都不見你喝水？你是駱駝嗎？」

這些說法經過多年流傳，不是每個人都知道它們是否正確，大多是人云亦云。

本書有54道「真假大對決」問題，先列出一些常見說法，然後加以分析或說明，最後你便會知道，哪些是 純屬傳聞，哪些是 真有其事，還有哪些是「半真半假」！

請繼續看下去！

7

鱷魚吃掉你時會哭泣？

你聽説過「鱷魚淚」這詞語嗎？它的意思是，人們在根本不傷心的時候假裝流下傷心的眼淚。

「鱷魚淚」這個詞語源自一個很古老的傳説。據説鱷魚咬牠的獵物時，眼淚便會從眼中湧出來，彷彿為了那個即將成為牠的大餐的獵物而難過。

★ **事實上……**

鱷魚其實並不能咀嚼食物，牠們會從獵物身上咬下一大塊的肉（也許是一條手臂或一條腿），再完整地吞進肚子裏。當大塊的肉經過喉嚨被整塊吞下時，它會擠壓到保持鱷魚眼睛濕潤的腺體，於是迫使眼淚從眼睛裏湧出來。同時，鱷魚流眼淚，可以排出體內多餘的鹽分。

結論：

真有其事

8

蠼螋會爬進人們的耳朵？

蠼螋（粵音渠搜）俗稱耳夾子蟲，英文名字是 earwig。為什麼牠有這樣的名字？以下內容又是不是真的呢？

> 蠼螋：一種廣為人知的昆蟲，牠的名字來自於牠會鑽入人類的耳朵。這樣會使人們的耳朵產生劇痛，甚至有人說牠會使人死亡。
> ——安東尼·維利希（Anthony Willich）、詹姆斯·米斯（James Mease）：《家居百科》（*The Domestic Encyclopedia*），1803年。

★ 事實上……

蠼螋確實喜歡躲藏在溫暖潮濕的地方——但不會躲在人類的耳朵中，而且人的耳朵裏有橫跨耳道的耳骨阻止牠走得太深入。蠼螋的英文名字，相信源於牠們完全伸展翅膀的樣子，看起來跟人類的耳朵相似。

結論：  純屬傳聞

老狗學不會新把戲？

英語裏有一句話：「You can't teach an old dog new tricks（老狗學不會新把戲）」，這句話可能出現在以下情境裏：

★ 你的爸爸決定要學習跳舞，但他摔倒了，還弄斷了腕骨。

★ 電話響了，你的祖母拿着一部新款的智能電話，但不知道怎樣接聽。

「看吧，」人們會這樣說，「老狗就是學不會新把戲。」這句話用來比喻年紀較大或固執、守舊的人，學習新事物時比較困難，或者較難接受新事物。不過，這句話是真的嗎？

★ 事實上……

只要主人多加一點決心，每天練習，應該足以使年紀老邁的狗學會坐下、停步、躺下或者做其他事情。

在人類世界裏面，不少長者樂於學習使用電腦、智能電話等新事物，也會在互聯網找到各種有趣的東西，有時甚至知道得比年輕人更多呢！

結論： 純屬傳聞 只要有足夠的時間和耐心……

你（可能）不知道
關於貓的5件事

1 貓會用牠的鬍子來量度一個地方的寬度是否足以讓牠通過。

2 貓走路時，後腳大多能準確地踩在前腳的腳印上。

3 貓發出的聲音種類，是狗的10倍。

4 很奇怪，貓嘗不出食物的甜味。

5 貓是肉食動物，如果你要貓吃素，牠很快會死。

巨型短吻鱷潛伏在紐約的下水道裏？

每隔一段時間，美國紐約市的街道上便會有貨真價實的短吻鱷出現。翻查相關紀錄，可以找到：

 一條細小的凱門鱷*在紐約中央公園野餐的家庭之間遊蕩，因而被抓住了。牠之前住在公園的一個湖泊中。

 另一條凱門鱷在布魯克林一幢公寓大廈外被警察捉住，一度嘶嘶鳴叫並試圖咬人，藉以反抗。

 一條短吻鱷被發現藏身在皇后區一輛停泊着的汽車下，最終被執法人員抓獲。

這些鱷魚的長度都不足一米。有傳聞説，在下水道裏，可能藏着一些體形龐大的「怪獸」……

關於紐約市下水道鱷魚的故事流傳了近100年。在1930年代，紐約市一名市政府前官員泰迪·梅（Teddy May）收到消息，指有人目睹一大羣短吻鱷——部分相當巨大——生活在下水道中。

*凱門鱷是一種較細小修長的短吻鱷近親，原產自中南美洲。

這些短吻鱷到底是從哪裏來的？據說是一些到過佛羅里達州的人，將牠們帶回紐約當寵物。不過，短吻鱷漸漸長大，或許嚇怕了養牠們的人，於是有人在晚上偷偷地將短吻鱷放生，也可能是將較小的短吻鱷丟進馬桶沖走。

　　短吻鱷來到下水道，便在那裏住了下來。牠們的體形越來越大，還會遇上其他短吻鱷，誕下短吻鱷寶寶，漸漸地佔據了下水道。

啊——這才是美好的「鱷生」……

★ 事實上……

　　1935年，確實有一條2.5米長的短吻鱷在下水道落網。不過，牠在那裏居住的時間不可能太長——短吻鱷是冷血動物，需要取暖求生，而紐約市的下水道在冬天裏會非常寒冷，不適合鱷魚生存。而且，短吻鱷大概會覺得下水道裏的污染問題令牠難以生存。

結論： 純屬傳聞

動物突襲！

逃出熊口

吵鬧的登山客每年都會到訪熊居住的樹林，破壞安寧。他們帶着的美食，更會在山裏留下誘人的香味。難怪熊有時會忍不住攻擊人類。

你可以怎樣防止這種慘劇發生在自己身上？

★ 假如熊在你100米或以上的距離之外緊盯着你，你可以嘗試大聲而冷靜地說話，或敲擊金屬製造噪音。如果牠發現你是人類，很可能落荒而逃。

★ 如果熊變得具攻擊性，緊記千萬不要跑——你逃不掉的。相反，試着慢慢往後退並且遠離牠，不要直視熊的眼睛。

★ 爬到樹上也許能讓熊知道你不會威脅到牠——不過熊也懂得爬樹，因此這不是好的逃生方法。

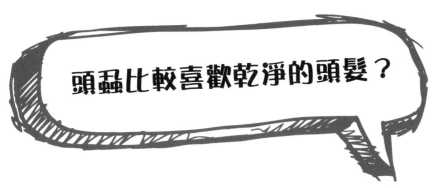

頭蝨比較喜歡乾淨的頭髮？

你一向注重個人衛生，讓自己看來乾淨整潔，而且每天都會洗頭髮。可是，有人走過來跟你說：

「你知道頭蝨比較喜歡乾淨的頭髮吧？這樣你會更容易招惹到頭蝨的。」

某程度上這句話非常合理。假設你是一隻頭蝨，你情願住在哪裏？是髒兮兮、油膩膩的「頭髮叢林」中，還是舒適、乾淨、散發甜美氣息的頭髮上？

 **事實上……**

頭蝨在你的頭上定居，是為了喝你的血。牠們的嘴巴像一根尖尖的吸管，用來刺進頭皮，然後吸血。牠們還會抓住接近頭皮的頭髮，不過，無論乾淨的頭髮還是骯髒的頭髮，牠們都能牢牢抓住，這對牠們來說毫無分別！

結論：

純屬傳聞

大象有過目不忘的本領？

英語裏有一句話：「An elephant never forgets（大象永遠不會忘記事情）」。這句話有一個起源更早的版本，古希臘時候會説：「A camel never forgets an injury（駱駝永遠不會忘記受過的傷）」。

現今人們説記憶力強的人擁有「大象一般的記性」。這個説法大概是基於大象的腦袋是陸上動物之中最大的。那麼大的腦袋，肯定有某些用處，對不對？

★ 事實上……

大象能夠記住牠們居住地區的一切細節，特別是哪兒可以找到水和食物，或是哪兒適合好好地洗個澡等事情。牠們也能記住其他大象的樣子。即使相隔很多年，遇到別的大象的時候，牠們也能夠馬上認出自己的老朋友。

結論：

真有其事

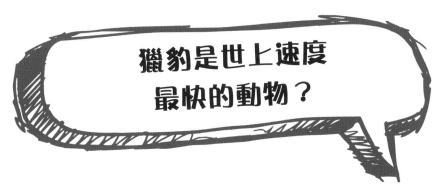

獵豹是世上速度最快的動物？

有人說，獵豹能以每小時110公里的速度飛奔，追得上高速公路快線的速度限制（雖然還沒有快到要收超速告票）。可是，獵豹只能保持最高速度約30秒──之後牠們便會因為過熱而必須放慢速度。

⭐ **事實上……**

獵豹是陸地動物之中最快的，但不是世界上最快的。游隼往下俯衝、追逐獵物時，借助了地心吸力來加速，速度可高達每小時320公里。不過，另一種叫「針尾雨燕」的鳥類，能夠在沒有地心吸力的協助下，以大約每小時175公里的高速飛行。那速度快得是會收到超速告票的！

**結論：** 有一部分正確，但主要是 純屬傳聞

在水母螫傷的傷口上小便，有助治療？

天氣炎熱的日子，在水中暢游之際不慎被水母螫傷，這可算是最糟糕的事了。（如果看見鯊魚鰭在你身邊出現，也是很糟糕的事——參見第34至35頁，找出如何擺脫這種困境。）

當你在水母旁邊經過並且碰到水母的觸手時，便會被牠螫傷。這些觸手有許多刺細胞，可以刺穿你的皮膚並注入毒液，所以你很快就會覺得痛，它還可能變得非常嚴重。

這時，有人跑過來告訴你，要治好螫傷，便要找人在傷口上小便。不過真的有效嗎？

★ 事實上⋯⋯

小便對螫傷的傷口毫無幫助，還可能令傷勢惡化。小便裏的化學物質可能會令水母的刺細胞留在你的皮膚上，釋出更多毒液。最好的做法，是用海水沖洗，能把大部分的刺細胞沖走。

結論：  純屬傳聞

你（可能）不知道
關於駱駝的5件事

1 在缺水的情況下，駱駝存活的時間並不像長頸鹿那般長⋯⋯

2 ⋯⋯也比不上沙漠裏的更格盧鼠。

3 駱駝喜歡跟同伴待在一起，因此牠們總是成羣結隊地行動。

4 駱駝生氣、受驚或覺得沮喪時會吐口水。那些吐出來的腐臭汁液，其實來自牠們的胃部。

5 駱駝的嘴巴是反芻動物*之中最大的，因此牠們能夠狠狠地咬敵人。

*反芻即是把胃裏面的食物再次流回口腔裏，反覆咀嚼後才吞下。有這類行為的動物，胃部分為數個胃室，主要吃草，例如牛、羊等。

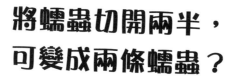

將蠕蟲切開兩半，
可變成兩條蠕蟲？

　　一些曾經參與園藝工作的人，悄悄地低喃這句話來安慰自己——通常是在不小心將一條蠕蟲切成兩半的一瞬間。

　　蠕蟲包括昆蟲的幼蟲、蚯蚓、蜈蚣等，牠們遭人一分為二之後確實還會動。很可能人們最初就是看到這樣子，所以有這樣的說法並流傳開去。還有可能是，有些人分不出蠕蟲的頭和尾，好像都一模一樣，因此人們以為將蠕蟲切成兩半，得出的兩截蠕蟲都能各自生存下去。事情真的是這樣嗎？

★ **事實上……**

　　為什麼那些蠕蟲被切斷後，會繼續蠕動？其實牠們正忙於步向死亡，而蠕動是死亡前的「痛楚之舞」。

　　如果切去的只是尾巴的一小部分，蠕蟲頭部那一端也許還能夠生存——但牠的尾巴必死無疑。

結論： 一小部分是真的，但大部分是  **純屬傳聞**

豬不會飛？

英語裏有一句話：「Pigs can't fly」，從字面上看是說豬不會飛。中文裏也有類似的說法——「母豬也會上樹」、「太陽從西邊出來」，指某些事情不太可能發生，甚至永遠不會發生。

一隻豬能翱翔天際的想法其實相當古怪。牠們缺乏一般飛行所需的許多東西：翅膀、噴射引擎、機票等。

★ 事實上……

在1703年，英格蘭遭受歷史上最可怕的風暴侵襲。事件造成大約15,000人死亡，主要是被飛到半空的瓦礫和雜物擊中所致。在這些到處飛的雜物當中，有雞，有羊，還有——豬。牠們全都是被強風從地面捲上空中的。豬其實是非常聰明的動物。可是，牠們真的不會飛。

結論：

真有其事

不敢相信！

龍蝦比人類更長壽

　　某些品種的龍蝦生長得很緩慢，而且能夠存活非常長的時間。最年老的龍蝦大約有140歲，重量差不多與中等體形的狗相同。一些長壽龍蝦在生理上並沒有衰老的跡象呢！

　　順帶一提，法國詩人熱拉爾‧德‧內瓦爾（Gérard de Nerval）有一隻寵物龍蝦，名叫提寶（Thibault）。他曾經帶着這隻龍蝦走遍巴黎！

狗的1歲等於人類的7歲？

人們常常說，要知道一隻狗的年齡相當於人類的多少歲，將狗的年齡乘以7就可找到答案。因此，一隻3歲大的貴婦狗，換成人類的年齡是21歲。9歲的拉布拉多犬，等於人類63歲的長者，正是考慮退休的年紀呢！

★ **事實上……**

這說法源於狗的壽命「只有人類壽命的七分之一」，即是大約11年。體形較大的純種犬，例如拉布拉多犬、德國狼狗的壽命，平均有12至13歲。可是，體形較小的狗以及一些不是純種的狗，一般較長壽，不少更能活至15年或以上。運用這個「狗的年齡乘以7」的算法，15歲的狗，相當於人類105歲的長壽老人了。

結論： 大多是

無頭的雞仍能

　　無可否認，雞並不太擅長跑步。英語裏有一句話：「running around like a headless chicken（像無頭的雞那樣到處跑）」，這個説法用來形容人們漫無目的地團團轉，一事無成。中文裏類似的説法是「無頭蒼蠅」。不過，雞的頭斬下來之後，牠是否真的還能在田野裏狂奔呢？

★ 事實上……

　　在自己的頭被斬下來之前，雞已經察覺到自己的生命面臨重大威脅。首先，牠會被人追趕，被抓住之後，會看到砧板和大斧頭……

　　這一切令人激動的經歷，令雞釋放出一種稱為腎上腺素的化學物質。腎上腺素會刺激肌肉活動，因此，即使頭部被斬了下來，雞的肌肉仍會繼續抽搐。有時雞的翅膀會拍動起來，足以使牠在地面上移動一小段路，彷彿牠正在奔跑的樣子。

結論：

真有其事

跑來跑去？

米高的奇異故事

　　無頭的雞也許能夠在頭部被斬下來後繼續拍翅亂跑數秒，不過這番動靜一般會在30秒內停止。可是，據稱有一隻雞在沒有頭的情況下存活了一年半，這是怎麼一回事？

　　這是一隻名叫米高的公雞。1945年的一個早上，牠的主人將牠的頭斬了下來。到了下午，米高卻仍在農場裏趾高氣揚地走來走去（由於牠沒有了頭，相信牠會覺得避免撞上其他東西是極為困難的）。

　　米高的主人於是將食物用注射器從牠的脖子滴下去，並帶牠四出巡遊。這隻無頭的雞再堅持了18個月，賺個「盆滿缽滿」後，就在某一天傍晚，牠的主人忘了清理牠的呼氣孔，可憐的老米高就這樣窒息而死了。

★ 事實上……

　　這全都是真人真事。
米高的頭被斬掉之後，餘下
的腦幹足以使牠繼續生存下去。牠甚至
可能沒發現自己的頭不見了。

我看不見！

結論：＿＿＿＿＿＿

真有其事

不敢相信！

狐狸比貓更擅長抓老鼠

媽咪呀！

　　像老鼠這一類的齧齒動物，對飢餓的狐狸來說是美味可口的小點心——而且狐狸有出色的捕鼠技術。狐狸會跳到半空中（離地大約1米），然後垂直地向着老鼠身上落下去。接下來會出現其中一個情況：

a 老鼠受驚往上跳起，直接進入狐狸的嘴巴裏；

b 狐狸用牠的爪子將老鼠壓在地上，使老鼠無法動彈，於是狐狸大口咬下去！

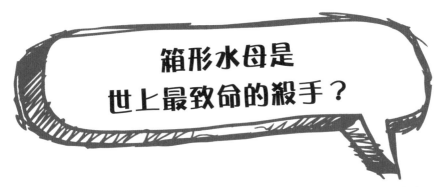

箱形水母是世上最致命的殺手？

箱形水母是一種淡藍色、接近透明的海洋生物，牠會漂進沿岸地區，身後拖着可致命的觸手。每年都有游泳的人意外地碰到這些觸手，然後被注入威力強大的毒液。

那些被箱形水母嚴重螫傷的人，死亡過程非常痛苦。游泳的人可能來不及回到岸上，便因休克、心臟病發或溺水而死了。難怪箱形水母有時被稱為世上最致命的殺手。

★ 事實上⋯⋯

每年都會有箱形水母殺死人的事件。可是，許多動物對人類來說都有與箱形水母同等的殺傷力，甚至更危險。灣鱷、印度眼鏡蛇、河馬、大白鯊、巴西流浪蜘蛛及非洲水牛，每年殺害的人數以千計。

全球最致命的生物是蚊子——說得準確一點，是雌性瘧蚊。當這些蚊子叮咬人類時，會傳播瘧疾和其他可怕的疾病，每年可導致超過100萬人死亡。

結論：

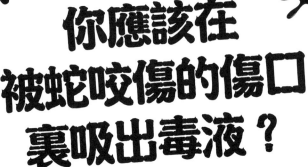

你應該在被蛇咬傷的傷口裏吸出毒液？

有一段時期，幾乎每套冒險電影、西部電影、戰爭電影或者古裝武俠片裏，都會出現這樣的畫面——有人被蛇咬傷了。通常那是一條響尾蛇，但有時也會是黑曼巴蛇。黑曼巴蛇屬於眼鏡蛇科，牠的殺傷力很大，能夠以毒液殺死一頭成年大象，或是數名人類。

電影中如果某人被蛇咬傷，接下來大多有這些步驟：

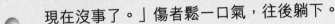

1. 將止血帶綁在被咬傷的那條腿上。
2. 用小刀割開傷口。
3. 用嘴巴從傷口裏吸出毒液。
4. 將毒液吐出來。
5. 用水沖洗嘴巴，再吐出髒水，然後說：「他現在沒事了。」傷者鬆一口氣，往後躺下。

毒液注入身體裏會造成傷害，吞下或吸入毒藥也是有害的，因此，在理論上，從蛇咬傷的傷口中吸出毒液並吐掉，應該是安全的。那麼，要是你被毒蛇咬傷，這是不是處理傷口的好方法呢？

★ 事實上……

　　你不太可能從蛇咬的傷口中吸出任何毒液。這樣的嘗試雖然不會對你造成傷害，但是你的嘴巴裏有傷口的話，毒液可以由這些傷口進入你的身體，繼而造成傷害。

　　處理蛇咬的最佳方法，就是讓傷者保持冷靜，而且要靜止不動，這可防止他們心跳加快，避免令毒液迅速流遍全身。記得要儘快召喚緊急救援服務，尋求協助。

結論：　**純屬傳聞**

火雞愚蠢得抬頭望着
大雨降下，直至淹死？

這句話也可以這樣說，馴養的火雞擁有的天賦智能，在人類的精心培育下都消失了。事實上，牠們實在太愚蠢了，當牠們第一次感覺到一兩滴雨水時，牠們便會抬頭望向天空，驚訝地張開嘴巴。牠們的嘴巴會盛滿雨水，最終淹死了。

★ 事實上⋯⋯

馴養的火雞常被認為缺乏智慧，可是，說牠們被雨水迷住，實在是固執己見。牠們要不是找地方避雨，就是繼續牠們正在做的事情。

再者，火雞的眼睛分別位於頭部兩側，而不像人類那樣在頭部前方。因此，牠們並不會為了看雨而抬頭，而是會將頭部向旁邊傾側。

結論： 純屬傳聞

30

你（可能）不知道
關於鱷魚的5件事

1 鱷魚能以高達每小時17公里的速度奔跑，不過只能維持一段短距離。

2 鱷魚能夠以高達每小時40公里的速度從水中一躍而出。

3 鱷魚咬東西的力量（咬合力）可說是動物界的冠軍，甚至比鯊魚更有力。

4 鱷魚用於張開上下顎的肌肉非常軟弱無力，用封箱膠紙繞幾圈，便可使牠們閉上嘴巴。

5 池塘的面積越大，居住在這裏的鱷魚體形也會越大。鱷魚永遠不會長得比牠們居住的池塘還要大。

老虎的皮膚

這聽起來不大可能吧？眾所周知，老虎擁有滿是條紋的毛髮，但不包括皮膚。正是有這種特定條紋的毛髮，老虎才能算是老虎。不論是西伯利亞虎、孟加拉虎、蘇門答臘虎或是其他種類的老虎，牠們全都披着有條紋的毛髮。

有條紋？

★ 事實上……

第一個膽敢為活生生的老虎剃毛，從而找出答案的人，肯定是個勇士。不過，老虎黑色的條紋圖案確實存在於牠的皮膚上，還有毛髮裏。

結論：_____

真有其事

動物突襲！

假設你在海裏游泳，看見了所有人都望而生畏的東西——一塊魚鰭從水中冒起來，並開始圍着你繞圈。這時，你的腦海中可能響起了電影《大白鯊》的配樂……

你可以怎樣避免成為大白鯊的大餐？

★ 別讓大白鯊離開你的視線。你逃生的最好機會，就是大白鯊向你施襲時將牠擊退。

★ 大聲叫喊，或是揮動你的雙臂高於你的頭部，以吸引鄰近船隻或岸上的人注意，請他們施以援手。

避開大白鯊

★ 大白鯊喜歡由下向上攻擊獵物。假如大白鯊消失了，牠很可能突然從下方衝向水面。注意你下方的位置！

★ 如果大白鯊靠得較近，你可以嘗試反擊——攻擊牠的鼻子、眼睛和魚腮，這些攻擊能夠迫使大白鯊三思而行。

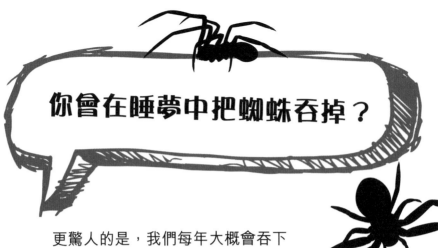

你會在睡夢中把蜘蛛吞掉？

更驚人的是，我們每年大概會吞下8隻蜘蛛。

很少人會瘋狂到，在神智清醒時，撿起一隻蜘蛛，並將牠吞進肚子裏。這個說法說的是，當你躺在枕頭上流着口水呼呼大睡之際，蜘蛛可能會走近你，並從你的嘴巴爬進去。

對於蜘蛛為什麼會受好夢正酣的人類的嘴巴所吸引，人們提出了3個主要的理由：

1 有報告指出，蜘蛛會被你牙齒之間的腐爛食物氣味吸引。（如果屬實，這是一個要定期使用牙線清潔牙齒的絕佳理由！）

2 其他人認為，人類打鼻鼾的振動頻率對蜘蛛有致命吸引力。

3 有些人認為，蜘蛛只想找個安靜的地方休息。雖然這個説法與鼻鼾吸引蜘蛛的理論相當矛盾，不過沒關係了……ZZZZZ。

★ 事實上……

只要花數秒時間想一想，你便知道這不太可能是真的。

為什麼蜘蛛要故意爬進人類的嘴巴呢？蜘蛛並不會住在人類的嘴巴裏。即使蜘蛛的腦袋不算很大，想必牠們也能判斷出嘴巴不是舒適的休憩區。

這一整個故事其實都是一場騙局。它是在1993年被人虛構出來，隨即廣泛流傳（連同其他令人難以置信的故事一起傳播）。在數個月間，這個故事通過電郵傳遍世界，最後還有數份報章把它當作事實報道出來。

結論：

純屬傳聞

你（可能）不知道 關於狗的5件事

1 世上最高的狗是一隻來自美國、名為「宙斯」的大丹犬，牠的肩膊距離地面約111.8厘米。

2 記錄中最矮小的狗，是一隻6.35厘米高的約瑟爹利犬。

3 德國稅務官路易斯·都柏文（Louis Doberman）培育出杜賓犬。他希望在他收取稅款時，這種兇猛、強壯的狗能保護他！

4 愛犬死亡時，傷心欲絕的古埃人會剃掉自己的眉毛，並在頭髮上抹上泥巴。

5 狗的鼻紋和人類的指紋一樣，每隻狗都是獨一無二的。

準時的動物

狗能知道什麼時候吃晚餐

　　許多狗主人都說，他們的寵物犬總是知道主人會在什麼時候餵飼牠們。牠們坐在自己的碗前面等候，或是默默地盯着主人。

　　狗其實不會看手錶，確認晚餐時間，但牠們確實知道在牠們覺得肚子餓的時候，通常都會得到食物。因此，牠們肚子餓的時候，便坐在自己的碗旁邊，等候享用大餐！

鴕鳥會把頭埋在沙子裏？

　　人們認為，鴕鳥在受驚或面臨威脅時，會迅速將自己的頭埋進沙子裏。這就像人類小孩的一種常見行為，不過是「鳥類版」。有時小孩會用雙手蓋住眼睛，大喊道：

　　「你看不到我！」

　　自己看不到，就以為沒事或者安全，這叫做「鴕鳥心態」，只是逃避現實。如果這說法屬實，就證明了鴕鳥確實相當愚蠢，甚至令人懷疑牠們能生存至今的原因。

★ **事實上⋯⋯**

　　鴕鳥的確會將頭伸進沙子下的洞穴裏──不過那並不是因為牠們害怕。牠們會在泥地中挖洞生蛋，並定期俯下身子、探頭進洞穴裏，用鳥喙翻動牠們的蛋。從遠處看，牠們就好像是將自己的頭埋在沙子裏。

 結論： 純屬傳聞

觸摸蟾蜍會長疣？

　　說起女巫，你會不會想起沸騰冒泡的大湯鍋？黑貓和掃帚呢？到處蹦蹦跳跳的蟾蜍？還有女巫那長了疣（皮膚上隆起的小顆粒，表面粗糙）的鼻子？

　　也許就是長疣女巫的種種形象，又或者是蟾蜍外貌的關係，使我們覺得觸摸蟾蜍會令人長疣。蟾蜍的皮膚凹凸不平，大多布滿隆起的顆粒，看來就像疣一般。加上疣具有傳染性，因此人們認為如果你觸摸蟾蜍就會導致長疣。不是嗎？

★ 事實上……

　　蟾蜍身上長的不是疣。牠們皮膚上隆起的顆粒其實是腺體，會分泌出黏液，或是在蟾蜍受驚或覺得受威脅時分泌毒液。

　　人類長疣，是由一種叫HPV（人類乳頭瘤病毒）的病毒引起的。HPV的H就是指「人類」（Human）——代表這種病毒是人類的病毒……而不是蟾蜍的病毒。

結論：　

動物突襲！

遠離鱷魚

這是一個美好又溫暖的黃昏，你正在度假──為什麼不到那條熱帶河流旁邊散散步？因為河裏滿是鱷魚！

以下是避免成為鱷魚晚餐的方法：

★ 不要在有鱷魚的地方游泳或者涉水過河。這聽來理所當然，但每年仍有許多人這樣做，期間還被鱷魚奪去性命。

★ 鱷魚非常不喜歡長跑，因此要是有鱷魚追趕着你，記得沿直線跑開，跑得越遠越好。

★ 遠離水邊，並且一定要面向着水的方向──鱷魚會靜候你轉身背向牠們時突然施襲。

★ 不要嘗試接近鱷魚！

你可以催眠短吻鱷？

　　如果你知道正確的催眠步驟，你能使短吻鱷進入催眠狀態。牠會變成很無助的樣子，動彈不得。

　　據說美國佛羅里達州的塞米諾爾人，是最早發現這種技巧的人。他們能使短吻鱷的嘴巴保持緊閉——這可說是輕而易舉的，因為短吻鱷用來打開上下顎的肌肉是軟弱無力的。接着，塞米諾爾人會將短吻鱷翻轉到仰臥的姿勢，尾巴靜止不動，在這種狀態下撫摸短吻鱷的肚子。短吻鱷會陷入類似被催眠了的狀態，直到有人觸碰牠的時候才會清醒過來。

★ 事實上……

　　這種催眠技術不只是適用在短吻鱷身上，有些鯊魚也曾被引導進入類似的催眠狀態。不過，這種催眠狀態其實是動物進入「僵直性不動」（Tonic immobility）的狀態。

結論：表面上可以，實際上是 純屬傳聞

不敢相信！

驢子並不怕獅子

　　嗯，也許這種說法有點誇張。不過和驢子體形相若的動物之中，驢子是唯一敢和獅子正面交鋒，不會逃走的。

　　那就是為什麼在非洲，勇敢（或者說是有點愚蠢）的驢子有時會被用來保護牛羣免受獅子襲擊。

旅鼠會自己跳下懸崖？

有人說，成羣的旅鼠（一種細小又毛茸茸的齧齒動物）會定期集體自殺，一同跳下懸崖或是投河。

人們認為這反映了：

a) 旅鼠真的很愚蠢；

b) 旅鼠幾乎會跟隨前方的旅鼠走到任何地方。

「你表現得就像一隻旅鼠」，意思是指那個人正在盲目地沿着通往災難的道路前行。

★ 事實上……

當四周有許多食物時，旅鼠的數量會迅速增長。（一隻雌性旅鼠一年便能誕下80隻旅鼠寶寶。）沒多久，旅鼠便會吃光附近所有食物，因此必須搬家。通常牠們一找到一個新地盤，就會再次開始大吃特吃——不過，每隔一陣子，旅鼠的搬家計劃便會出點差錯。那羣旅鼠可能遇上了懸崖或者河流，但是由於不夠聰明而「咚」的一聲掉下去了。牠們不是要自殺，牠們只是犯了點錯誤。

結論： 有一部分是對的，但大部分是

所有狗的體內都帶有一點狼性？

人們相信，德國狼狗和雪橇犬可能是狼的後代。不過約瑟爹利犬，又或是芝娃娃犬呢？不可能……但是能肯定牠們和狼無關嗎？

★ 事實上……

令人驚訝的是，所有狗都是狼的後代。沒有人知道人類和狼最初是如何扯上關係的。也許是狼開始在人類周邊探索，漸漸放下戒心，最終與人類一起生活。又或者是，人類發現了一些狼的寶寶，決定收養牠們。

那麼，為什麼不是所有狗的樣子都像狼？那是因為在多個世紀裏面（狗在人類身邊生活大約有13,000年歷史），人類會為了特定的用途而培育出不同品種的狗。舉例說，你不會派一隻跑得很快的格雷伊獵犬去抓老鼠，或是要一隻迷你的芝娃娃去抓賊。

結論： **真有其事**

鬣狗非常邪惡，牠們殺死獵物時會放聲大笑？

鬣（粵音獵）狗主要分布在非洲，大部分看見鬣狗的人，都不自覺地心生畏懼。那張嘴露牙的兇狠嘴臉、拱起的背部和強壯有力的肩膀，都令牠們看起來好像貓與狼的混合品種。

鬣狗極具攻擊性。牠們出生時通常都是雙胞胎，但在成長過程中，牠們經常打鬥，以顯示出誰是老大。打鬥可能導致死亡，有時其中一隻更會吃掉另一隻。成年鬣狗每次能吃掉等同自己體重三分之一的食物。

最糟糕的是，據說鬣狗會一邊大笑，一邊吃掉牠們的獵物（很多時候獵物甚至還未死去）。

★ 事實上⋯⋯

鬣狗確實會在殺戮現場大笑——但那並不是為了表達歡樂。牠能發出超過10種聲音，某種我們聽起來像是笑聲的聲音，可能是在鬣狗羣中，較弱小的成員向較強壯的成員表示順服的信號。牠是在說：「別咬我——你先吃。我會等你吃飽後才用餐。」

真有其事

結論：＿＿＿＿＿＿＿

牛的屁正在破壞地球？

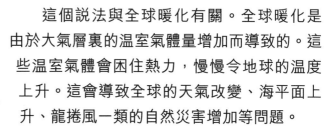

這個説法與全球暖化有關。全球暖化是由於大氣層裏的温室氣體量增加而導致的。這些温室氣體會困住熱力，慢慢令地球的温度上升。這會導致全球的天氣改變、海平面上升、龍捲風一類的自然災害增加等問題。

不過，這些事情跟牛有什麼關係呢？

地球上有數以億計的牛，牠們不斷進食，產生許多小便、大便和屁。糟糕的是，牛的屁含有温室氣體甲烷——甲烷對環境的危害，比常見的温室氣體二氧化碳更嚴重。

★ 事實上……

牛的屁確實在破壞地球，不過牛打嗝對地球的破壞也很大。牠們每天打嗝、放屁、排泄時都會排出大量甲烷——有人估計，牛排出的甲烷，佔全球温室氣體排放量的15%！正是因為甲烷比二氧化碳更具破壞力，牛帶來的影響是非常嚴重的。

結論：

48

你（可能）不知道
關於大象的5件事

1 大象是不會跳躍的哺乳類動物，不過……

2 ……牠們能用自己的頭站起來——只有大象和人類能夠這樣做。

3 野生的非洲大象每天只睡兩個小時。

4 大象無法奔跑，因為跑步會損壞牠們的骨骼。提提你，大象能夠以每小時25公里的速度快步行走。

5 大象的鼻子能裝下多達9升的水。牠用鼻子吸水後，會送到嘴裏喝下去，或噴到自己身上。

不敢相信！

狗在難過和開心時都會搖尾巴

我真的很希望自己有尾巴！

假如狗搖尾巴時偏向右邊（是狗的右邊，不是你的右邊），那代表牠感到開心或興奮。

假如狗搖尾巴時偏向左邊，反映牠們覺得緊張或害怕。

河馬是非洲最危險的動物？

非洲布滿了危險的動物：可致命的黑曼巴蛇、巨大的尼羅鱷，還有獅子、豹等等。不過，最危險的動物可能教人出乎意料——那就是樣子有點笨拙的河馬。

河馬並不像牠們給人的第一印象般善良無害。首先，牠們的嘴巴裏有巨大的牙齒，最大的可長達50厘米。當人類瑟縮在洞穴裏試圖躲藏起來時，河馬能夠用牙齒輕易地咬掉他的頭。

要是你身處一頭河馬與河水之間——尤其那是一頭河馬媽媽，帶着小河馬在游泳——那頭成年河馬可以變得非常兇猛。至於雄性河馬，如果你闖進牠們的地盤，牠們就會暴躁起來，甚至馬上進攻。

★ 事實上……

這都是真的。河馬生氣時會張大嘴巴，嚇走入侵者。牠們激動時還會分泌出紅色的黏稠物質。不過，就算知道這些，大概對你也沒什麼幫助——雖然牠看起來有點笨手笨腳，但河馬奔跑的速度能超過每小時30公里。

結論：　

北極熊狩獵時會掩着自己的鼻子？

　　北極熊的身體構造，用在冰天雪地的北極捕獵海豹幾乎無懈可擊。牠們是體形最龐大的陸上肉食動物，並配備不少相當駭人的「武器」：

☆ 巨大的腳掌寬度可達30厘米，在北極熊跨越冰雪追蹤獵物時支撐着牠沉重的身體，還能一掌拍死海豹。這些腳掌帶有利爪，能夠撕破海豹的腹部。

☆ 上下顎強而有力，能一口咬碎海豹的頭骨。

☆ 嗅覺非常靈敏，讓北極熊即使在1.5公里以外，或是在1米高的雪堆遮掩下，也能嗅到海豹的氣息。

☆ 敏捷的身手，在陸地上奔跑的速度，最高可達每小時40至60公里。

　　不過，北極熊有一個難題。牠的一身白毛，在悄悄接近海豹時是理想的保護色——但牠黑色的鼻子卻不然。這個鼻子，就像一顆櫻桃放在塗滿白色糖霜的蛋糕中央那樣突出。因此，當北極熊向着獵物靜靜地前進時，牠們自然地會用爪子蓋住鼻子。

★ 事實上……

　　北極熊會掩着鼻子來隱藏自己，這種説法出現在部分北極原住民的傳説中，用來顯示北極熊是多麼小心謹慎又帶有危險的捕食者。不過，儘管許多北極熊都有專屬的攝製隊伴隨在側，卻沒有人拍攝到北極熊會這樣做。

結論：

更多關於北極熊的（失實）傳聞：

1. 所有北極熊都是左撇子。
2. 北極熊會用工具殺死獵物（例如向獵物投擲冰塊）。
3. 唯一會捕獵北極熊的動物是殺人鯨（事實上，北極熊是頂級捕食者，除了人類以外，沒有其他動物會捕獵牠們）。

動物突襲！

躲開大猩猩

　　某一天，你在非洲高地漫遊。突然，你和一隻巨大的雄性銀背大猩猩面對面相遇了──牠非常不高興，因為牠在最喜愛的午間小睡時間被吵醒了！

　　這時，假如大猩猩開始大叫大嚷，接着向你投擲植物（可能還會丟牠自己的大便），表示牠要進入攻擊狀態了。

　　如何避免被大猩猩撕成碎片？

★　別直視牠的眼睛──相反，你要蹲下來，望着地面。

★　慢慢往後退，但不要轉身，直至你再也看不見那隻怒氣沖沖的巨獸。

★　如果牠真的攻擊你，你最有可能撿回一命的做法──老實說，這不是非常好的選擇──就是蜷縮成一團，然後「裝死」！

大部分鯊魚襲擊人的事件，都發生在淺水地方？

電影《大白鯊》有這樣的場景——一些人在海邊的深水區域游泳，這裏距離沙灘較遠，而海面上風平浪靜。突然，一塊魚鰭劃破水面，而且是一塊大大的鯊魚鰭……

雖然接下來的畫面不算太血腥，但對那位游泳的人來說並不是好結局。

我們都以為，鯊魚襲擊人的事件大多在遠離沙灘的深水區出現，我們留在淺水區的話就會相當安全。不過，後來又出現了這種說法：大部分鯊魚襲擊人的事件，都發生在少於1米深的水域中。什麼！這是真的嗎？

★ 事實上……

這可說是真的，不過當中有點誤導。當有人說「鯊魚襲擊人」，我們會想到有人將會失去手腳，甚至他們的生命。其實大部分發生在淺水區的鯊魚襲擊事件，都是因為小型鯊魚不小心撞上人類。牠們會咬一口那個物件，看看自己撞到了什麼東西，然後游走。至於大部分致命的鯊魚襲擊事件，都發生於衝浪線以外，也就是水較深的地方。

結論： 技術上是真的，但實際上是  純屬傳聞

*不用太擔心，與死於鯊魚襲擊的機會相比，在沙灘上死於沙洞崩塌意外的機會更大呢！

55

袋鼠擅長拳擊？

「打拳的袋鼠」可說是澳洲人自豪的標誌。在第二次世界大戰期間，袋鼠會被繪畫在澳洲的戰機與戰艦上當作代表圖案。時至今日，澳洲奧運代表隊仍會使用拳擊袋鼠的圖像。不過，袋鼠是不是真的擅長拳擊呢？

 ★ **事實上⋯⋯**

在20世紀末期，一些巡迴表演裏，讓人有機會在擂台上和袋鼠比試拳技。人類絕少有機會勝出。雄性袋鼠會出拳互毆，以爭奪雌性袋鼠或喝水用的水源。牠們會以較細小的前肢抓住對手和扭打，並用有力的後肢狂踢對手。

結論：＿＿＿＿＿＿＿

真有其事

没有人知道鰻魚是從哪裏來的？

如果你對動物有興趣，聽到這句話，你大概會想：「胡説八道！幾乎全部人都知道，鰻魚是來自馬尾藻海的。」你也許是對的——事實上你很可能是對的——不過，你也可能弄錯了⋯⋯

★ 事實上⋯⋯

年輕的歐洲鰻鱺是在遙遠的海洋中出生的，出生後會游向陸地的沿岸地區。牠們游到河流的上游，並在那兒居住大約6至40年，直至牠們預備好繁殖。然後牠們會離開河流，回到大海，游過數千公里，到達⋯⋯哪裏呢？

大部分科學家認為，鰻魚會在百慕達以南的馬尾藻海繁殖後代。那裏曾經發現最細小的鰻魚寶寶，不過，沒有人真正看過鰻魚寶寶在那裏出生，或是捕捉到準備產卵的雌性鰻魚——因此沒有確切的證據。

真有其事

結論： 嚴格來說是 _____

你（可能）不知道
關於鯊魚的5件事

1 在人類已知的疾病裏面，沒有一種會令鯊魚受到感染。

2 即使鯊魚自己的內臟被咬掉，也會繼續咬牠的獵物。

3 鯊魚不會在牠們出生地點附近進食……

4 ……不過牠們在其他地方吃掉所有東西。

5 公牛鯊——牠會經常襲擊人類——能在大海與淡水水域游泳。

小部分曾在鯊魚肚子裏發現的東西：
★ 筒鼓　★ 雞舍　★ 一雙鞋
★ 一張椅子　★ 一個未引爆的炸彈

當牛躺下時，代表將要下雨？

這個古老的說法，源自還沒有每小時天氣預報和網上衛星圖像的時代。人們曾說，假如你看見一羣牛躺在地上，那肯定是大雨即將降臨的徵兆。

★ 事實上……

牛躺下時，一般是由於牠們正在咀嚼反芻食物（反芻食物是指，已經咀嚼過一次的食物，從胃部回流到口腔內，再咀嚼一次。噁——），這與天氣毫無關係。

 結論：

更多關於牛的（錯誤）傳聞：

1. 聽音樂會令乳牛生產出更多牛奶。
2. 如果你切下一小塊牛尾，牠便永遠不會逃跑。
3. 牛在聖誕節當日總是會躺下來。

不敢相信!

雪貂會患上抑鬱症

　　有人認為,雪貂是齧齒動物界中臭氣薰天、兇猛暴戾的惡徒。那不是真的——雪貂其實是可愛、有趣的動物,人們把牠們當作寵物飼養最少有2,000年歷史了。

　　雪貂很貪玩。興奮的時候,牠們會向左右「起舞」、扭動跳躍,同時輕輕發出嘶嘶聲或「咯咯」地笑。有些雪貂甚至會翻跟頭。

　　不過,要是與伴侶分開了,雪貂便可能陷入抑鬱。牠們會無心玩耍,拒絕進食,還會整天躺在地上睡覺!

烹調龍蝦時，牠們會慘叫？

每個廚師都會告訴你，龍蝦必須趁着新鮮享用。如果你宰了牠，並任由牠躺在原地一陣子，牠會變壞的。那就是為什麼海鮮餐廳裏，常常有活生生的龍蝦在水缸中爬來爬去，等待被人煮熟。（你永不會想要身處這種等候室裏……）

呀呀呀！

烹調一隻活龍蝦的頭痛之處，就是當你將龍蝦放進沸水時，龍蝦會發出一種可怕的高頻聲音。如果你在進食前10分鐘聽到龍蝦被煮熟時的痛苦尖叫，相信你很難安心享用那盤龍蝦。

★ 事實上……

沒有人確切知道龍蝦能否感受到痛楚，不過肯定的是：牠們不會尖叫。龍蝦沒有像人類那樣的聲帶或肺部，因此尖叫對龍蝦來說是不可能的。牠們在煮的過程中發出的噪音，只是熱空氣從牠們的硬殼裏溜出來的聲音。

結論：  純屬傳聞

蟑螂是唯一可在核戰後生還的生物？

出現這個說法的原因，是蟑螂會是核戰之後唯一能夠生還的生物。幾乎所有人都聽過這種說法，但沒有人知道這說法是不是真的。

★ **事實上……**

蟑螂的生命力是非常強的：假如世上發生核戰，牠們會比人類活得更長久，而且長很多。不過，最後能生存下來的生物，可以肯定地說是細菌，它們的適應力非常厲害，在任何地方都可以生活。

結論： **純屬傳聞**

公牛看見紅色就會怒火中燒？

公牛每次看見紅色就會生氣的形象，實在太深入民心。形容人極度憤怒的時候，中文可以用「火冒三丈」、「暴跳如雷」等，而英語就會這樣說：「Like a red rag to a bull（像公牛眼中的紅布）。」這句話可用於形容某些事物肯定會令人生氣。不過，公牛是否真的每當看見紅色的東西時，便會火冒三丈，並決定進攻？牠很討厭紅色嗎？

★事實上……

公牛並不擅長分辨不同的顏色。牠也許能看見紅色，但很可能會與綠色或藍色混淆。所以，紅色並不會令公牛生氣。人們有這樣的印象，很可能是因為鬥牛士與牛對決時，會拿着一塊紅色的披風，而公牛會向那件披風衝過去。可是，那隻公牛會這樣做，很可能是因為鬥牛士在晃動披風，使牠感到興奮或被挑釁，於是發動攻擊。

結論：

63

動物突襲!

擺脫大貓的攻擊

我們這裏說的,不是鄰居那隻壯碩又多毛的寵物貓,而是獵豹、老虎和獅子等大型的貓科動物。牠們一般都喜歡從獵物身後悄悄走近,但是到你真的發現一隻大貓正在跟蹤你的時候,你如何能夠避免成為大貓的午餐?

⭐ 不要跑着離開——這樣即是告訴那隻大貓你是獵物,然後牠會發動攻擊。

⭐ 盯着牠——在貓的世界裏,這是有敵意、侵略的意思。說不定牠接下來就會後退呢!

⭐ 盡可能讓自己看起來強壯巨大,並且盡全力大聲呼叫,但不要令人聽起來覺得你很害怕。

⭐ 如果遇到大貓施襲,可以用木棍或石頭還擊。

蜥蜴丟了尾巴之後，會長出新尾巴？

這句話裏，「丟」的意思其實是被捕食者扯斷了。一直以來人們都相信，如果一隻蜥蜴的尾巴被襲擊者抓住，蜥蜴可以選擇：

a 被吃掉；

b 留下自己的尾巴（作為某種安慰獎/用來分散注意力），並迅速逃到安全的地方。

蜥蜴每次都會選「b」。因為在一段短時間內，蜥蜴會重新長出一條新尾巴，準備用在下一次大逃亡中。

★ 事實上……

最常見的一種蜥蜴叫做石龍子。牠們是大約10厘米長的小動物。通常石龍子的身長有大約一半是牠那又長又尖的尾巴。大部分石龍子的尾巴，都設計成在用力拉扯的情況下可以折斷，然後自行扭動數秒。新的尾巴確實會長出來，但不會完全長回來。

結論： **基本上是**

用火燒可以擺脫水蛭？

這曾經是電影裏的必有情節。幾乎所有叢林場景中，都會有某個角色吃力地走過水深及腰的地方，然後發現自己的雙腿布滿了水蛭。接下來的步驟包括：

1. 點燃一根火柴。
2. 用火柴觸碰水蛭。
3. 細聽之下會有一些嗞嗞聲。
4. 看着水蛭掉落。

在現實生活中，這樣會不會是一個好主意？

★事實上……

不，它不是一個好主意。首先，你想拿火柴來做什麼呀？你很可能會燒傷自己，所有人都知道玩火很危險。其次，水蛭確實會因為被火燒而放開你——但牠也會在你皮膚的傷口上嘔吐。這很可能導致感染。

要去除水蛭，最好的辦法，就是用指甲逐一滑進牠的3個吸盤下面，從而使牠掉下來。

結論：

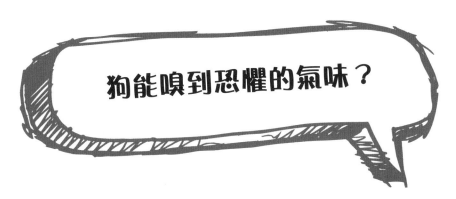

狗能嗅到恐懼的氣味？

你多數會在一些完全不怕狗的人口中，聽見這種說法。通常他們會說給那些怕狗的人聽。不過，這句話是真的嗎？狗真的能夠嗅到恐懼的氣味嗎？

⭐ **事實上⋯⋯**

狗擁有非常靈敏的鼻子。牠們能夠憑着嗅覺，分辨出牠們遇見的每一個人（同卵雙胞胎除外）。牠們能嗅出癌細胞，準確程度比價值數百萬元的掃描儀器更高。牠們甚至能夠在有電的情況下，嗅出空氣中的微細變化。所以，狗能夠嗅出你汗液裏的化學物質，其實毫不令人意外，而這些物質就是在你緊張或害怕時分泌出來的！

真有其事

結論：_____

你（可能）不知道
關於 獅子 的5件事

1 獅子每天都要睡長達20小時！

2 獅子未滿兩歲前並不會吼叫——不過當牠們能夠大聲吼叫的時候，即使相距8公里，也能聽見牠的吼叫聲。

3 雄性獅子非常懶惰，雌性獅子會負責90%的狩獵工作。

4 雄性獅子嘴巴和鼻子附近的鬍鬚，不會跟其他獅子有相同的排列方式。

5 在野外生活的獅子，如果能夠存活超過10年，便算是非常幸運的。

金魚只有3秒記憶？

所有人——特別是飼養金魚的人——都很喜歡説這樣的話。這讓金魚主人覺得，將寵物金魚困在細小狹窄、只需數秒時間便可游一圈的水缸裏面，也不是太差的做法。

他們相信金魚永遠不會覺得沉悶，因為到金魚游遍整個水缸的時候，牠已經忘記了自己在過去的3小時15分鐘裏面，見過那座塑膠城堡2,925次。

我是不是在哪裏見過你？

 **事實上……**

金魚其實擁有相當不錯的記憶力（雖然只是跟其他魚類相比）。曾經有些金魚學會了推動槓桿、拿取物件，以及做出各種各樣的把戲。牠們似乎能夠記住已學會的技能長達1年。

結論： 純屬傳聞

變色龍會改變顏色以保護自己？

眾所周知，變色龍能夠改變身體的顏色。人們會告訴你，那是一種防衛技能，讓這種爬蟲類動物能與牠們身處的環境融為一體。牠們能夠與岩石、樹葉、沙子和各種各樣的自然環境融合起來。不過，這廣為人知的説法其實是不是真的？

★ 事實上……

首先，不是所有的變色龍都會變色。有些變色龍滿足於總是保持相同的顏色。

其次，能夠變色的變色龍，其實並不是為了偽裝自己而變色的。有時候，牠們因為覺得寒冷而變成較深色的模樣，這讓牠們能夠吸收更多熱力。不過，一般情況下，牠們會根據自己的心情來變色，例如覺得生氣、害怕、嘗試吸引雌性等等。

結論：  純屬傳聞

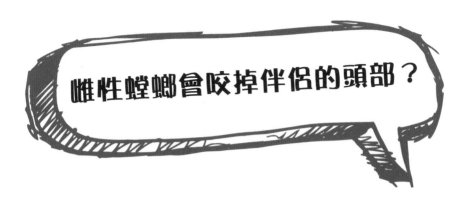

雌性螳螂會咬掉伴侶的頭部？

　　有一個流傳已久的説法，指雌性螳螂會在交配時咬掉雄性螳螂的頭部。如果這個説法是真的，在螳螂的世界裏面，便沒有第二次約會這回事了。

　　對於螳螂處理男女關係時毫不浪漫的手法，人們想出了各種各樣的理由：

* 這樣可以為雌性螳螂提供蛋白質，應付繁殖過程的需要。
* 咬掉雄性螳螂的頭部，能阻止牠們在完成交配前離開，也是給雄性螳螂釋出精子的信號。

★ **事實上……**

　　對雄性螳螂來説，交配是風險甚高的活動，因為雌性螳螂有時真的會咬掉牠的頭——不過那只是因為雌性螳螂肚子餓了。這種情況不會經常發生，但肯定不是因為上面提到的那些原因。

結論：——但是不常發生

不敢相信！

啄木鳥的腦袋滿是避震物料

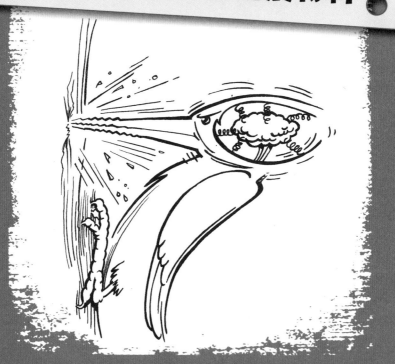

　　啄木鳥用喙撞擊大樹的力量，比太空火箭升空時的力量大100倍。那麼，牠們的腦袋為什麼不會變成一堆爛糊糊的東西？

　　首先，啄木鳥的腦部有一些柔軟、吸震的物質保護着，這些物質能吸收大部分的衝擊力。其次，每次牠使勁啄的時候，一組特殊的肌肉會將牠的腦部往後拉，以抵銷衝擊力。

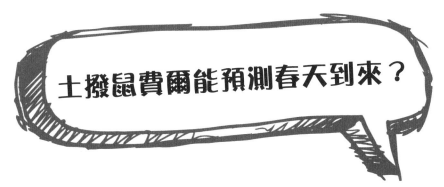

土撥鼠費爾能預測春天到來？

在北美洲，每年的2月2日，期待春天到來的人都在焦急地等待一隻叫做費爾的土撥鼠的最新消息。費爾是否已經隨着冬天結束而走出洞穴？更重要的是，這隻小型齧齒動物有沒有看見自己的影子，然後跑回洞穴裏？

假如費爾真的看見了自己的影子，而且走回洞穴裏，那是個壞消息，代表冬天還有最少6個星期才結束。如果牠沒有看見自己的影子，那就是説春天將要到來。

★ **事實上……**

不要完全相信這些説法。美國每年的2月2日是「土撥鼠日」，很多人會按照傳統，到美國賓州的普蘇塔尼小鎮，等候土撥鼠費爾的消息。可是，費爾曾經誤判春天即將到來。費爾的支持者還説，牠已經超過100歲了（大約是大部分土撥鼠壽命的10倍），並依靠一種神秘的土撥鼠萬能藥（一種用於延年益壽的藥水）活下去。

儘管如此，當土撥鼠感覺到光線與溫度的變化後，確實會從洞穴中冒出來。因此，要是你看見野生土撥鼠現身，春天可能真的快到了。

結論： 純屬傳聞

準時的動物

某些鳥類能準確地知道時間

有鸚鵡的主人報稱，鸚鵡似乎知道，每天早上牠們籠子的門準確地在什麼時間打開，也知道在晚上的什麼時間，自己應該回到籠裏。

另外，某些地方的草地灑水器會在每日的固定時間開啟，鳥羣便會準時在開啟前數分鐘抵達，預備好好地洗個澡。

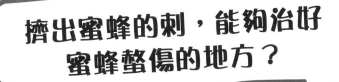

擠出蜜蜂的刺，能夠治好蜜蜂螫傷的地方？

有時我們到郊外遠足，會聽到蜜蜂到處飛舞時發出的嗡嗡聲。大部分人都樂於聽到牠們嗡嗡地飛過，知道牠們在傳播花粉，並且享受着愉快又美好的時光。

可是，有一隻蜜蜂螫傷了你，你就高興不起來了。

蜜蜂螫了人之後，會在你的皮膚裏留下一個有毒的小倒鈎。有人會告訴你，處理蜜蜂螫刺的最佳辦法，就是將這個倒鈎擠出來，就像擠暗瘡一樣。

★ 事實上……

將蜜蜂的刺擠出來是個壞主意，這樣可能會從蜜蜂的刺裏面擠出更多毒液到你的皮膚裏。要清除蜜蜂的刺，最佳方法就是用名片、交通卡或者類似的東西當作工具，立即將它刮走。

結論： 純屬傳聞

大象害怕老鼠？

這是一個很有趣的想法：世界上有一種大型動物，會害怕一種世界上小型的動物。這個想法也在許多兒童卡通片和電影中發揚光大。不過，這是不是真的呢？

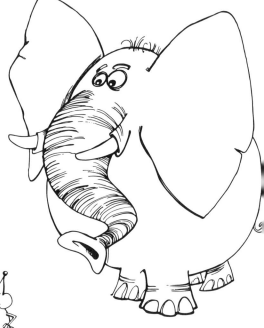

你在怕我嗎？

★ **事實上……**

在野外地方，大象其實不會遇上老鼠，可是圈起來飼養的大象的確會碰見老鼠。不過，大象的視力其實不太好，因此牠們不太可能甚至沒有留意到有老鼠出沒——更別說會匆匆避開老鼠了。實際上，大象害怕的是蜜蜂。

結論：

76

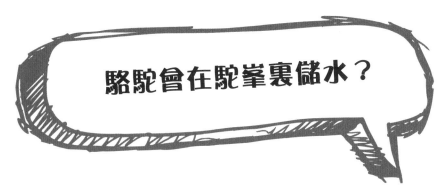

駱駝會在駝峯裏儲水？

駱駝非常巧妙地適應了沙漠生活。牠們有特別寬的腳掌，幫助牠們走過鬆散的沙子但不會陷進沙子裏。牠們厚厚的毛皮會反射陽光，阻隔熱力，但在晚上又能夠為駱駝保暖。牠們的嘴巴能夠咀嚼帶刺的沙漠植物。還有，據說牠們能夠在駝峯內儲水，這是真的嗎？

★ 事實上……

駱駝非常適應沙漠的生活*，而牠們的駝峯是其中一種幫助適應的工具，不過駝峯裏面沒有水。事實上，駝峯裏充滿了脂肪。駱駝會用駝峯儲存脂肪（不像人類那樣全身都有脂肪），因此在高溫的沙漠裏，駱駝的身體不會有脂肪層來鎖住熱力。

*例如駱駝從身體流失的水分很少，甚至連牠們的小便也濃稠得像糖漿一樣，而牠們的大便更乾得可以讓你燃點起來！

結論：

野兔到了3月就會發瘋？

「野兔到了3月就會發瘋」的說法，已變成一個與動物沒什麼關係的用語。當有人行為怪異，橫衝直撞，沒有明確原因下耗費大量體力時，英語裏會這樣說：

「他 / 她就像3月的野兔一樣瘋狂。」

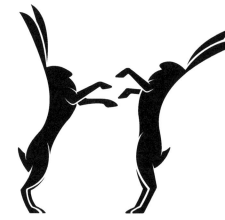

顯而易見的是，3月裏的野兔會開始到處狂奔，與其他野兔進行拳擊比賽，突然垂直地跳到半空中，通常都有古怪的行為。

★ 事實上……

一般而言，野兔非常害羞，不過在春天的交配季節*，牠們確實開始有些不尋常的行為。牠們的舉動似乎變得瘋癲，不過牠們沒有發瘋——假設你是一隻野兔，而且你渴求愛情，那並不瘋狂。至於到處狂奔、拳擊和跳到半空中等，全都是牠們的求偶行為。

*在歐洲北部，野兔的交配季節就是在3月，而當地也是這句話起源的地方。

結論：

真有其事

你（可能）不知道 關於八爪魚的5件事

1 八爪魚擁有3個心臟。

2 八爪魚沒有骨頭。一隻跟10歲小孩差不多重的八爪魚，能夠擠過一個如網球般大的小洞。

3 八爪魚的眼睛裏有長方形的瞳孔（眼睛裏黑色的部分）。

4 要是有捕食者扯斷了八爪魚的觸手，牠仍能逃走，並在稍後重新長出一根新的觸手。

5 八爪魚能用牠們的觸手去打開果醬瓶，或是拿起石塊，像槌子般把貝殼敲破！

不敢相信！

蟾蜍有時會爆炸

　　事情發生於2005年，在德國的漢堡市，當時是蟾蜍的交配季節，一些蟾蜍突然開始無故地爆炸。

　　最後，終於找到了原因。烏鴉想到了一個方法，以一下迅猛的攻擊來啄走蟾蜍的肝臟。這時蟾蜍使自己的身體鼓起來，試圖嚇怕襲擊者，而蟾蜍的內臟在被啄破的身體缺口中凸了出來，同時還有嘶嘶的聲音——然後蟾蜍便爆開了！咦——

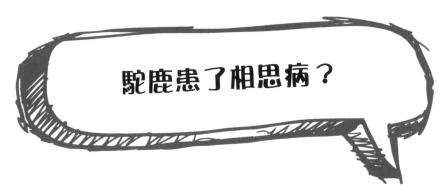

駝鹿患了相思病？

駝鹿擁有相當滑稽的特徵。牠們那強壯而瘦長的腿、寬厚的身體、形狀奇特的臉，還有巨大的鹿角，給牠們一副東拼西湊的模樣。不過，這個故事是關於一隻特別滑稽的駝鹿：這隻駝鹿與一隻塑膠鹿墮入愛河了。

那隻塑膠鹿放在民居的後院裏。在駝鹿交配季節的某一天，一隻雄性駝鹿無意中走進後院裏，並對牠的塑膠親戚一見鍾情。駝鹿對那隻塑膠鹿的關愛無微不至，直到塑膠鹿的鹿角掉落……沒多久，它的頭也損壞了。在那個時候，雄性駝鹿終於對它失去興趣，在樹林裏消失了！

★ **事實上……**

這個故事幾乎肯定是真的：這種行為在渴求伴侶的雄性動物之間並不罕見。就像美國加州的阿諾努耶佛有一個象鼻海豹保育區，一些未能找到伴侶的雄性象鼻海豹便會前往「失敗者小巷」。在那兒，牠們能夠與木頭相依相偎，當作雌性象鼻海豹的代替品。

真有其事

結論： ＿＿＿＿＿＿＿＿＿＿＿＿＿＿

捕鳥蛛是世上最致命的蜘蛛？

你看過特務占士邦的電影嗎？看過的人都會知道這個場景：占士邦在睡夢中/在淋浴時/在泡澡時，一隻體形龐大、毛茸茸的致命蜘蛛，慢慢地爬向他。那是一隻捕鳥蛛！是占士邦的敵人放在那兒的，他們要將占士邦置諸死地。

不過，你知道占士邦身處的環境到底有多危險嗎？

★ 事實上……

捕鳥蛛其實有許多不同的種類——當中只有很少部分的捕鳥蛛可能傷害到占士邦。迄今沒有人因為被捕鳥蛛咬了而死去的，只是在少數被捕鳥蛛咬傷的事件裏，傷者持續幾天都感到非常不舒服。不過，大部分捕鳥蛛對人類其實毫無害處。捕鳥蛛能夠在電影裏得到主演的角色，是因為人們能在銀幕上輕易地看見牠。

世上最致命的蜘蛛，其實是巴西流浪蜘蛛，偶爾會聽到牠殺人的報道。

結論：

蛇住在孩子玩的波波池裏？

　　這句話每隔一段時間就能聽到，一般跟餐廳裏的波波池扯上關係。這個故事是說，一個在波波池裏玩耍的小孩突然放聲大哭，並跑到母親身邊，哭訴自己受傷了。母親帶着小孩回家，發現他身上有些紅色的傷痕。數小時後，那個小孩就死了。

　　孩子母親回到那間有波波池的餐廳，要求職員調查。職員清空了數千個柔軟的小球後發現……一個響尾蛇家庭竟然住在波波池的一個角落！牠們在尋找溫暖黑暗的地方時，來到這裏的（故事總是發生在某個溫暖的地方）。

　　那麼，你下次到訪波波池的時候，應該特別留神？

★ 事實上……

　　對於任何種類的蛇來說，波波池幾乎是牠們最不想居住的地方。蛇會盡可能避開人類。牠們需要住在有陽光和可以遮蔭的地方，以保持體溫調節合宜。再者，波波池裏根本沒有東西可以吃。

結論：

動物突襲！

躲開公牛

有一天，你正在田野上走過，途中突然發現一頭體形龐大、看似怒氣沖沖的公牛，正向着你猛噴鼻息。

你要如何避免被公牛撕成碎片？

★ 站住不要動！公牛看東西不是太清楚，假如你一動不動，牠很可能會自行走開。

★ 如果公牛開始向你衝過來，便要馬上逃命。公牛跑得比人類快，因此你的目標是在公牛追到你之前，爬到樹上或是躲到其他物件背後。

★ 向你的身後投擲物件——也許可以丟掉你拿着的外套。公牛可能會停下來查看一番，讓你有時間逃走。

豪豬會向敵人發射尖刺？

要是你某天外出散步時遇上一隻豪豬，並發現牠轉身背對着你——小心！牠可能正準備向你發射背上的尖刺。很多人都會這樣覺得。

如果屬實，這代表豪豬擁有出色的防衞系統。不過這套系統真的存在嗎？

★ 事實上……

相信這個説法的人，通常都是來自沒有豪豬生活的地方。豪豬的尖刺其實是粗厚、堅硬的毛髮，牠不會將自己的頭髮射出去。

不過，豪豬確實擁有一套厲害的防衞系統。那些尖刺的末端帶有倒鈎。假如有動物試圖咬豪豬，豪豬便會轉過身來，使施襲者滿臉都是尖刺。這些尖刺不是發射出來的，而是自行脫落。它們會勾住皮膚和肌肉，而且通常會造成感染。

結論： 純屬傳聞 _____

85

不敢相信！

海象慣用右手

雖然我老得掉了「象牙」，但我的手還很靈活。

　　海象很喜歡吃埋在海淋裏的蜆。牠們實在很愛這種多汁的蜆肉，每頓可以吃掉超過6,000隻蜆。

　　要將蜆挖出來，海象會用牠們鰭狀的前肢撥走蜆周圍的東西。而牠們幾乎總是用右前肢來做這件事，極少用左前肢。

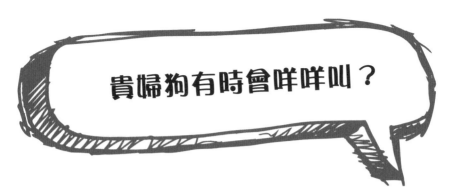

貴婦狗有時會咩咩叫？

在2007年，網站、電郵通訊與報章中，突然鋪天蓋地談論一則令人嘖嘖稱奇的日本故事。

事緣一些一直想擁有貴婦狗的愛狗之人發現，有賣家願意以平常價格的一半出售貴婦狗——可是過了不久，人們便發現，這些「貴婦狗」有些極為異常之處。牠們確實擁有一般貴婦狗常見的花哨蓬鬆髮型，不過牠們不會吠叫、坐下、接球，或者做一些一般狗隻會覺得興奮的事情。

這些奇怪的貴婦狗日漸長大，最終變得完全不像貴婦狗。事實上，牠們越來越似牠們的真正身分——綿羊。

原來，有一名不誠實的商人替綿羊修剪出貴婦狗的髮型，然後將牠們出售給愛狗的日本人。由於綿羊在日本很少見，人們往往分辨不出兩者的差異。

★ 事實上……

這個最先在網上出現的故事，100%是虛構的。儘管小狗和小羊都同樣可愛，但牠們還是有分別的。例如羊的蹄有兩隻腳趾，而狗的爪有4至5隻腳趾。

結論： 純屬傳聞

蛇曾參與搶劫事件？

有些人非常喜愛動物，他們會用盡方法與動物相處。他們會讓自己的狗睡在牀上，大灑金錢購買昂貴的貓糧，或是帶着寵物龍蝦一同散步（參見第22頁）。

還有少數人，甚至帶着他們的寵物蛇去搶劫……

個案1：BMX單車劫匪

在美國加州，一個少年試圖從一間五金用品店偷走一枝電筒時被發現了。店員想要制止他，少年卻露出纏在手臂上的蛇，所有人都嚇得往後跳開，而這個惹上麻煩的年輕賊人便踩着單車逃之夭夭了。

個案2：不太可愛的蛇

在印度的德里，遊客都很喜歡欣賞弄蛇表演，但他們不怎麼喜歡在這些看蛇表演的地方遇到搶劫。在這個城市裏，蛇會被用於數種犯罪活動裏，其中最駭人的一宗，就是兩個男人將一條大蟒蛇繞在一個商人的脖子上，他們拒絕將大蟒蛇拿走，直至商人給他們金錢。

個案3：蛇劫案

在美國新澤西州，一天傍晚，有兩個人沿街前行時，一輛汽車嘎吱一聲停在他們身邊。有個男人從車內跳出來，來勢洶洶地揮舞着一條蛇，同一時間，另外兩個男人也下了車，趁機洗劫路人的口袋。

★ 事實上……

這些都是真實的案件——還有很多其他案例呢！再説，把蛇當作致命武器的情況，似乎有增加趨勢！

結論：真有其事 ＿＿＿＿＿＿＿＿＿＿＿＿＿＿

其他關於蛇的（真實）故事：

1. 響尾蛇死去一天後，仍可以咬傷你！
2. 黑曼巴蛇並不是黑色的。牠們可以是灰色、棕色或橄欖色的。
3. 最致命的10種蛇之中，有7種都生活在澳洲。
4. 有些蛇天生便有兩個頭。這些兩頭蛇的兩個頭會互相爭奪食物，即使牠們是共用同一個胃部的。

動物突襲！

逃離殺人蜂

殺人蜂與一般蜜蜂差不多——除了牠們好勇鬥狠得多。一旦被騷擾，牠們便會傾巢而出，趕走牠們的目標。如果你遇上了這些嗡嗡狂舞的可怕生物……

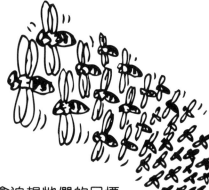

要

★ 拔足狂奔——不過殺人蜂有時會追趕牠們的目標數百米，直至牠們放棄。

★ 找些東西裹在臉上，也要遮蓋身上外露的皮膚。（不過要確保你仍能看見自己正跑向哪兒！）

不要

★ 進水裏——殺人蜂會等你浮上水面。

★ 揮手驅趕——殺人蜂會被這些動作吸引住。

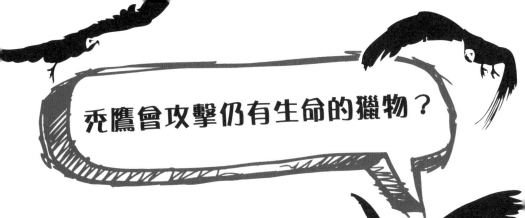

禿鷹會攻擊仍有生命的獵物？

試想像這個場景……

你在荒漠中迷路（也許你的滑沙探險團已返回酒店，但遺下了你）。你在酷熱的環境中待了一段長時間，體力正在衰退。然後你看見你一直恐懼的東西：禿鷹正在你頭上盤旋！

你坐在一塊岩石的陰影裏休息，一隻禿鷹隨後在附近降落。牠光裸的脖子與頭部看起來很邪惡。另一隻禿鷹也降落了，接着再有一隻。牠們開始跳得跟你接近了一些，然後啄了啄你的雙腳。

你是不是將要成為一羣禿鷹的大餐——在你仍然活着的時候？

★ 事實上……

這確實可能發生，不過你必須非常虛弱——大概虛弱得無法動彈。禿鷹較喜歡吃已死去的食物，但有時牠們也會攻擊垂死的獵物。

結論：

真有其事

雌性黑寡婦蜘蛛會殺害自己的伴侶？

雄性黑寡婦蜘蛛的生命不太長，只有大約6星期，而雌性則可以活上3年。雄性黑寡婦蜘蛛的毒囊在成年後便停止發育，因此牠無法通過放毒來宣洩不滿。成年後，牠吃不下所有東西（那就是為什麼毒囊變得毫無用處）。相反，牠要把所有時間用在尋找交配對象上。

然後，最倒霉的是，當雄性黑寡婦蜘蛛終於找到一個交配對象，對方很可能馬上對你生氣。雌性黑寡婦蜘蛛會咬掉雄性黑寡婦蜘蛛的頭——毫不誇張——如果雄性黑寡婦蜘蛛不是非常、非常謹慎的話。

★ 事實上……

這全都是真的——儘管我們並不確定，雌性黑寡婦蜘蛛有多常咬掉雄性的頭部。這情況會發生於飼養的黑寡婦蜘蛛身上，但在野外則非常罕見。

結論： 大致上是　真有其事

準時的動物

狒狒知道哪一天有大餐吃

　　在南非，當地的狒狒最喜歡打開人類的垃圾桶，看看裏面有沒有留下什麼美味的殘羹剩菜。

　　神奇的是，牠們似乎知道，一周裏面，哪一天人們會把垃圾桶放出來。牠們會在一大早抵達，等待垃圾桶出現──預備好翻找免費的大餐。

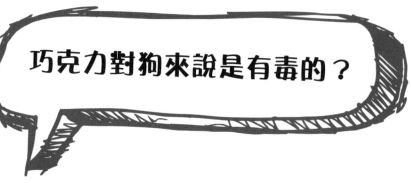

巧克力對狗來說是有毒的？

這個説法似乎不太合理。畢竟狗和人類非常相似——那就是為什麼動物測試實驗室會先在狗身上測試產品，之後才批准人類使用。如果我們能夠吃巧克力，那狗肯定也可以吃巧克力？特別是牠們似乎很喜歡巧克力啊……

★ **事實上……**

巧克力裏有一種名為可可鹼（又叫咖啡鹼）的物質，會令狗的肌肉顫抖、抽搐，甚至引致心臟病發。因此，巧克力對狗來説是有毒的。牠們不用吃太多巧克力，已經會感到不適，甚至死亡。

結論：_____

> **其他（真的）對狗有毒的食物：**
> 不光是巧克力！你也需要確保狗不會吃下這些東西：
> 1. 葡萄和葡萄乾
> 2. 洋蔥
> 3. 夏威夷果仁

食人魚喜歡吃人？

如果你身上有皮膚裂開的開放性傷口，絕對、千萬不要在南美洲的河流中游泳。在數秒內，成羣嗜血的食人魚便會在你身邊聚集，轉眼間，你便會被咬至見骨，最後只餘下一副骨頭，沉到河底。

在一些常見的動物傳聞裏，可能會有這件事。不過，食人魚真的喜歡吃人嗎？

★ 事實上⋯⋯

食人魚又叫水虎魚、食人鯧。牠確實擁有鋒利的小牙齒，可是，牠們很少攻擊人類，一般只是出於意外。食人魚主要吃魚類或昆蟲，有時會吃一些垂死的動物。

這個說法流傳開去，是因為美國前總統西奧多·羅斯福（Theodore Roosevelt，又叫老羅斯福）目擊了一個刻意做出來的場面：一羣飢餓的食人魚，數秒內將一頭牛吃得只剩下白骨。老羅斯福事後在日記裏寫道：「牠們撕裂並大口吞下受傷的動物或人類」，又說食人魚是「世界上最兇殘的魚」。

結論：　**純屬傳聞**

真假大對決

金魚真的只有3秒記憶？
——拆解動物之謎！

作　　者：保羅・梅森（Paul Mason）
繪　　圖：艾倫・歐文（Alan Irvine）
翻　　譯：羅睿琪
責任編輯：陳友娣
美術設計：蔡學彰
出　　版：新雅文化事業有限公司
　　　　　香港英皇道499號北角工業大廈18樓
　　　　　電話：（852）2138 7998　　傳真：（852）2597 4003
　　　　　網址：http://www.sunya.com.hk
　　　　　電郵：marketing@sunya.com.hk
發　　行：香港聯合書刊物流有限公司
　　　　　香港新界大埔汀麗路36號中華商務印刷大廈3字樓
　　　　　電話：（852）2150 2100　　傳真：（852）2407 3062
　　　　　電郵：info@suplogistics.com.hk
印　　刷：中華商務彩色印刷有限公司
　　　　　香港新界大埔汀麗路36號
版　　次：二〇一九年十一月初版

Original title: TRUTH OR BUSTED—The fact or fiction behind ANIMALS
First published in the English language in 2012 by Wayland
Copyright © Wayland 2012
Wayland
338 Euston Road, London NW1 3BH
Wayland Australia
Level 17/207 Kent Street, Sydney, NSW 2000
All rights reserved
Editor: Debbie Foy
Design: Rocket Design (East Anglia) Ltd
Text: Paul Mason
Illustration: Alan Irvine
All illustrations by Shutterstock, except 6, 13, 22, 23, 29, 32, 33, 39, 44, 67, 72, 93
Wayland is a division of Hachette Children's Books, an Hachette UK Company
www.hachette.co.uk

ISBN: 978-962-08-7390-4
Traditional Chinese Edition © 2019 Sun Ya Publications (HK) Ltd.
18/F, North Point Industrial Building, 499 King's Road, Hong Kong
Published and printed in Hong Kong